瑾蔚 编著

动物神秘事件簿
海洋动物

北方妇女儿童出版社
·长春·

版权所有　侵权必究

图书在版编目（CIP）数据

海洋动物 / 瑾蔚编著. -- 长春：北方妇女儿童出版社，2023.8（2024.8 重印）
（动物神秘事件簿）
ISBN 978-7-5585-7390-3

Ⅰ. ①海… Ⅱ. ①瑾… Ⅲ. ①水生动物—海洋生物—儿童读物 Ⅳ. ①Q958.885.3-49

中国国家版本馆 CIP 数据核字（2023）第 036236 号

动物神秘事件簿——海洋动物
DONGWU SHENMI SHIJIAN BU——HAIYANG DONGWU

出 版 人	师晓晖
策 划 人	陶　然
责任编辑	曲长军　庞婧媛
开　　本	889mm×1194mm　1/16
印　　张	4
字　　数	80 千字
版　　次	2023 年 8 月第 1 版
印　　次	2024 年 8 月第 2 次印刷
印　　刷	长春人民印业有限公司
出　　版	北方妇女儿童出版社
发　　行	北方妇女儿童出版社
地　　址	长春市福祉大路 5788 号
电　　话	总编办 0431-81629600
	发行科 0431-81629633

定　价　22.80 元

前言

　　大海宽广无边，里面生活着许许多多的动物。它们都是大海的子民，共同构成了五彩缤纷、神秘奇特的海洋世界。这些海洋动物各有各的特点，比如蓝鲸体形巨大，有几十吨重，以小型浮游生物为食；珊瑚体形微小，却建造了巨大的珊瑚礁，为众多生物提供住所；水母晶莹剔透，像美丽的花朵，却大多拥有剧毒；寄居蟹没有自己的家，常常抢占海螺的房子……除了这些，海洋世界中还有很多神奇、有趣的动物呢！想认识它们、了解它们的秘密吗？赶快翻开这本书吧！本书文字浅显易懂、图片精美生动，集知识性和趣味性于一体，可产生强烈吸引力，让我们在轻松愉悦的氛围中了解各种海洋动物。

目录

 02 海豚

 04 蓝鲸

 06 座头鲸

 08 白鲸

 10 抹香鲸

 12 虎鲸

 14 海狮

 16 海豹

 18 海牛

 20 海獭

 22 海绵

 24 珊瑚

 26 海笔

 28 海葵

 30 水母

 32 章鱼

 34 乌贼

 36 海蛞蝓

 38 砗磲

 40 鹦鹉螺

 42 寄居蟹

 44 蜘蛛蟹

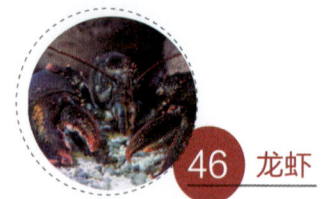 46 龙虾

 48 海百合

 50 海星

 52 蛇尾

 54 海胆

 56 海参

海洋动物

在蔚蓝的大海里,生活着许许多多的动物。它们虽然长得各不相同,生活方式千差万别,但都是海洋世界里的重要一员。

各种各样的海洋动物

海洋里的动物实在太多了。它们有的体形巨大,比如蓝鲸、座头鲸;有的极其凶猛,比如抹香鲸、虎鲸;有的像植物,比如海绵、海葵;有的会喷墨,比如章鱼、乌贼;有的长着大钳子,比如蜘蛛蟹、龙虾;有的像星星,比如海星、蛇尾……

海豚

动物小档案

- 名称：海豚
- 体长：1.5~10 米
- 分类：哺乳纲—鲸目—海豚科
- 栖息地：世界各海域
- 食物：鱼类、乌贼等
- 天敌：虎鲸等

大海是我的家，我总是四处游弋，在空中划出一道道美丽的弧线。猜出我是谁了吗？没错，我就是可爱的小海豚。

别看我长着"鱼样儿"，但我确实不是鱼。就拿呼吸来说，鱼是用鳃呼吸的，而我呢，是用肺。还有，鱼大多是从卵里孵出来的，而我是妈妈直接生出来的。

一出生，我就跟着爸爸妈妈四处畅游，练就了一身游泳的本领。当然，很多动物游泳都很厉害，可我的泳姿最独特。你看，像不像一道彩虹呢？

大海太大了，我有时会和亲友们走散。不过没关系，我有办法找到它们。我张开嘴巴，大叫一声，亲友们听到呼唤，就会来找我。当然，这些声音有的你是听不到的。

海豚说：

很多人都说我很聪明，对于这一点我是认同的。我还有一个神奇本领，那就是左右脑可以轮流休息。这样，就算睡着了，我也能游动。

蓝鲸

动物小档案

名称：蓝鲸
体长：1.5~10 米
分类：哺乳纲—鲸目—须鲸科
栖息地：世界各海域
食物：磷虾、浮游生物等
天敌：无

大海里的动物那么多，可是要比谁的个头儿大，我想没有谁会和我争第一。如果不信，你就听我来说一说。

我是真正的大块头

我有多大呢？我就不说具体数字了，只简单类比一下。我的舌头上可以站 50 个人，心脏和小汽车一样大，血管可以让小婴儿爬过去……

和我一样，我的孩子也特别大。你能想象，刚出生的婴儿，就比一头大象还要重吗？还有，长到七个月，它的体重每天要增加 90 多千克，比一个成年人还重一些。

我是"大胃王"

按说，我长这么巨大，吃的也应该是大型食物。可实际上，我钟爱的却是鳞虾这样的小动物，一顿能吃 1000 千克。这么大的胃口，除了我，想必没有第二个了。

海豚说：

蓝鲸实在太不可思议了。它长得这么大，没想到游起来那么快，尤其是受到攻击的时候，速度都快赶上我了。

座头鲸

动物小档案

- **名称**：座头鲸
- **体长**：13~15 米
- **分类**：哺乳纲—鲸目—须鲸科
- **栖息地**：世界各海域
- **食物**：小型甲壳动物、小型鱼类等
- **天敌**：无

和蓝鲸一样，我在海洋中也算是庞然大物了。当然，我没有蓝鲸大，但我比它游得远，唱的歌也更好听。

我是一名旅行家

你知道，我喜欢凉爽，所以夏天的时候总是待在两极附近。可是，为了繁殖，我必须前往热带水域。因此，我每年都要去旅行，行程达2.5万千米。够远吧！

这么远的路程，没有吃的可不行。当然，我不会随身携带，而是沿途捕食。我对吃的不太挑剔，小鱼小虾就行，只是胃口有些大，要花很多时间捕食。

我的歌声很美妙

　　独行有些孤单,所以我经常唱歌呼唤同伴。我的歌声可好听了,很多同伴都被打动,过来和我同游。当然,来的不只有粗鲁的雄性,还有很多温柔的雌性。

海豚说:

　　我很佩服座头鲸,尤其是它捕猎时很有技巧。我曾看到它绕着猎物吹泡泡,把鱼群围困住,然后一口将整个鱼群吞掉。

动物小档案

名称：白鲸

体长：3~5 米

分类：哺乳纲—鲸目——角鲸科

栖息地：世界各海域

食物：比目鱼、鳕鱼、虾、章鱼等

天敌：虎鲸、北极熊

白鲸

和座头鲸类似，我也喜欢旅行，也会用歌声和同伴交流。只是人们似乎不关心这些，只对我的容貌感兴趣。

我有一身洁白的"衣服"

作为一头鲸，我和别的亲友并没有太大的区别，只是白一些。不过，我小时候不仅不白，反而有些灰暗，只是后来长大了，身体也跟着变白了。

身体变白，让我看起来更漂亮了，也让我生活得更好。你也知道，我生活在北极周围，那里冰天雪地，白色的身体可以让我隐藏在海浪和浮冰间，方便地捕食鳕鱼。

我刚说了,我喜欢旅行。到达目的地时,身体变得有些脏,我这么爱干净,自然是不能忍受的。于是,我会在水底下不停地打滚儿,把老皮磨掉,换上新的白皮肤。

海豚说:

白鲸实在太有趣了,很会玩儿,木棍、海草、石头都能成为它们的游戏对象,比如把石头顶在头上,然后高高地跃出水面。

动物小档案

名称：抹香鲸
体长：8~20 米
分类：哺乳纲—鲸目—抹香鲸科
栖息地：世界各海域
食物：乌贼、章鱼、大型鱼类等
天敌：无

抹香鲸

白鲸长得漂亮，但名字太普通了，远没有我的优雅。不过，很多朋友说我长得怪，配不上这个好听的名字。真是这样吗？

不就是头大了一些、长了一些，看起来像只大蝌蚪嘛。还有就是，右鼻孔堵塞，不通气。这个长相算是怪吗？

就算怪那又怎样，至少不影响我潜水游泳吧！说到潜水，我很自豪，要知道，我能在2200米的海底待两个多小时呢！

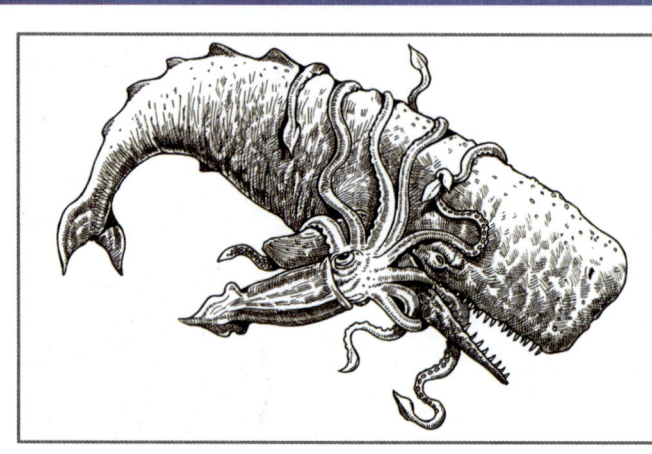

对了，忘了说了，我在海底有一个仇人——大王乌贼，我俩一见面就会打架。那家伙实力很强，和我差不多，所以有时候它赢，有时候我赢，就看谁发挥得好了。

海豚说：

抹香鲸常生活在深海里，所以我没见过它几面。上次碰到它，还是它在海面睡觉的时候。它太能睡了，足足睡了好几个小时。

动物小档案

名称：虎鲸

体长：8~10 米

分类：哺乳纲—鲸目—海豚科

栖息地：世界各海域

食物：乌贼、章鱼、大型鱼类等

天敌：无

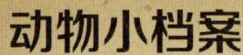

虎鲸

抹香鲸只能欺负一些弱小的动物，它要是遇到我，绝不敢说自己实力强大，因为我才是真正的"海中霸王"。

在大海里，没有谁是我的对手。我可不是在吹牛，那些旗鱼、章鱼等就不说了，就是巨大无比的蓝鲸、凶猛的大白鲨见到我，也会心惊胆战，躲得远远的。

生活里不只有战斗

除了战斗，我也会享受生活。有时候我会浮在海面上休息，享受阳光；也会跃出水面，或者用尾巴拍打水面，或者把一些海草披在身上。

我虽然厉害，但不是愣头青，捕猎时很讲究技巧。比如，我会装死或假装搁浅，把猎物骗过来，然后一口咬死；还会召集同伴，相互配合，将猎物围困住。

海豚说：

我从来没想过，像虎鲸这么凶猛的家伙竟然对同伴那么好。听说，有同伴受伤或被困了，它会主动帮忙，把同伴拖到海面上。

海狮

动物小档案

名称：海狮
体长：1~3.5 米
分类：哺乳纲—鳍足目—海狮科
栖息地：北太平洋等海域
食物：鱼类、乌贼、企鹅等
天敌：北极熊、鲨鱼、虎鲸等

虎鲸实在太凶了，我还是离它远远的比较好。但是我这个"海中狮王"的名号可不是白叫的，如果实在没办法，我也会和它斗一斗。

刚刚，我其实说谎了。我只是声音和头跟狮子的比较像，并没有狮子那样的霸气，反而胆子有些小，一见虎鲸只有躲起来的份儿。

我虽然没有蓝鲸那样的大肚子，可吃得也很多，所以总是待在海里找吃的。水下实在太黑了，我什么也看不见，幸好我的听觉和嗅觉很灵敏，能轻易找到鱼虾等。

肚子填饱了，也没有别的事情要干，我偶尔会到岸上来享受阳光的温暖，或者呼呼大睡。当然，我一般不单独上岸，总会叫上一些同伴。

海豚说：

我认识海狮，还和它一起旅行过。只是那时，它要生宝宝了，脾气太大，我实在受不了，就和它分别了。

海豹

动物小档案

名称：海豹
体长：1.4~5 米
分类：哺乳纲—鳍足目—海豹科
栖息地：全世界海域
食物：鱼类、乌贼、企鹅等
天敌：北极熊、鲨鱼、虎鲸等

刚刚听了海狮的介绍，我发现我们俩挺像的。当然，我说的只是生活习惯，并不是长相，因为我长得比它可爱多了。

很多朋友见过我的照片，知道我的脑袋圆圆的，胡子长长的，眼睛大大的，看起来十分可爱。但它们不知道，我其实有些凶，常在海里追捕猎物。

我和海狮有些像

和海狮一样，我游泳也很快，潜水更拿手。我一般只下潜 100 多米，但有时也会下潜 600 多米，这比大多数海洋动物都厉害，所以我认识很多深海朋友。

还有，我也常和伙伴们一起到岸上休息、晒太阳。大多数时候，我们都是其乐融融的，只有在要找伴侣的时候才会争吵不休，甚至相互殴打。

海豚说：

我曾经问过海豹，它是怎么抵挡两极冰冷海水的。它告诉我，它的皮毛很厚，还能防水，厚厚的脂肪可以保暖。

海牛

动物小档案

名称：海牛
体长：2.5~4 米
分类：哺乳纲—海牛目—海牛科
栖息地：大西洋、印度洋部分海域
食物：海草
天敌：鳄鱼、鲨鱼、虎鲸等

我和海豹看起来有点儿像，但我们其实没什么关系。海豹那么好动，喜欢吃鱼虾，而我则过着安静的生活，只吃海草等植物。

我长得胖乎乎的，看起来非常巨大，一些小动物见了我可能会害怕。其实，我可温柔了，从来不会欺负小动物，是海洋里数一数二的"温柔巨人"。

我不仅温柔，还比较害羞，所以总是白天睡觉休息，晚上才到海草丛中吃东西。看，我把大大的嘴巴贴在海底，不紧不慢地啃着海草，多认真哪！

我刚出生的时候就是一个大宝宝，有30多千克重呢！但我还不会游泳，没办法把头伸出海面。这时，妈妈会来帮忙，把我托出海面，让我呼吸到第一口空气。

海豚说：

海牛长得太奇特了，尤其是它的鼻孔上那两个"盖子"。我观察过，它呼吸的时候，会把"盖子"像门一样打开。

海獭

动物小档案

- **名称**：海獭
- **体长**：约 1 米
- **分类**：哺乳纲—食肉目—鼬科
- **栖息地**：大西洋、太平洋沿岸
- **食物**：贝类、海胆、螃蟹等
- **天敌**：鲨鱼、虎鲸等

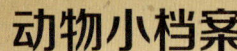

海牛长得实在太大了，我可比不了。我没有它们那样快速游泳的本领，也不喜欢四处巡游，所以总是住在漂亮的石头巢穴里。

我的日常生活

我过惯了定居生活，每天晚上都会到海藻丛中睡觉。我会不断打滚儿，让身上缠满海藻，然后仰面朝天，呼呼大睡。这样，我不用担心被海浪冲走或者沉入海底。

当然，我不会独自浮在水面上睡觉，那样太危险了。我总是和大家待在一起，这样，一旦有危险，放哨的同伴就会叫醒大家。

除了睡觉、吃东西，我大多数时候都在整理皮毛。但不要误会，我可不是为了美观。乱蓬蓬、脏兮兮的皮毛很容易被海水打湿，那样我就有可能被冻死。

海豚说：

海獭可真奇怪，只有仰面躺在海面时，才会吃东西。我经常看到它在肚子上放一块石头，然后抓着海胆使劲往上撞。

动物小档案

名称：海绵

体长：约 0.02~4 米

分类：多孔动物门—海绵纲

栖息地：全世界海域

食物：藻类和有机碎屑等

天敌：鱼类、海龟等

海绵

看到我，你会觉得我是一种植物吗？不，其实我是一种海洋动物。别惊讶，我可是海洋中的"老人"了，已经生存了几亿年。

只是长得像植物

大家对我产生误会，我是能理解的。我长得确实太特别了，没头没尾，就连躯干、四肢也没有。正因为这样，我自己几乎动不了，看起来就像植物一般。

我是如何解决吃与被吃的问题的？

没法儿动，吃东西怎么解决呢？我有自己的办法。你仔细看，就会发现我身上有很多小孔，它们是我的"嘴"，可以让我"吃掉"海水中的养料。

那被吃呢？你看我，是不是五颜六色的。其实，这都是海藻的功劳，是它们把我伪装起来，让我躲过敌人的目光。当然，我不会白受恩惠，会为它们提供一些养分。

海豚说：

我一直以为海绵是植物，从没理过它。我看到很多鱼吃它，它的味道应该不错，就是不知道合不合我的口味。

珊瑚

动物小档案

名称：珊瑚

体长：约 0.005 米

分类：刺胞动物门—珊瑚纲—珊瑚目

栖息地：热带、亚热带海域

食物：浮游生物

天敌：海星、小型鱼类等

我也有类似海绵的苦恼，常因为长得太漂亮，看起来像是长着枝丫的树，就被认为是植物，实际上，我也是动物中的一员。

当然，朋友们看到的并不是我一个，而是我和无数个亲友。那我长什么样呢？我就像一个小圆筒，没眼睛，没鼻子，嘴长在顶上，四周有很多小触手。

一些朋友看到五颜六色的珊瑚礁就以为我也是彩色的。其实，我本身是白色的，那些美丽的色彩来自寄居在我体内的海藻。如果它们死了，我就会变回白色。

海豚说：

珊瑚礁不是石头吗？和珊瑚有什么关系呢？噢，原来珊瑚死了，石质骨骼留了下来，慢慢积累，最终形成了珊瑚礁。

海笔

动物小档案

名称：海笔
体长：0.4~0.5 米
分类：刺胞动物门
栖息地：地中海、印度洋沿岸
食物：藻类和有机碎屑等
天敌：鱼类等

假如你到海底漫游，看到了一只大号"羽毛笔"，那么不要惊讶，也别不相信自己的眼睛，你其实是见到我了。

一些朋友不认识我，把我当成植物。其实，我也是海洋动物家族中的一员，只是长得特殊一些，有主干，还有对称的羽枝，像极了羽毛笔。

作为动物，我有自己的性格，不喜欢和大家生活在一起，总是独自居住在海底的泥沙上。我"扎根"在海底，不让水流冲走，但也因此常受到攻击。

当然，我不会坐以待毙，遇到危险也会反击。

发强光：我能发出强光，使敌人头晕眼花，无法辨认方向。这样，我就暂时安全了。

报警系统：我将周围照得雪亮，让敌人暴露。这样，敌人反而会成为别的猎食者的食物。

海豚说:

我一直很好奇,海笔和珊瑚明明是亲戚,但珊瑚能一直长,甚至变成一座岛;而海笔不知为何,长到一定大小后就不再生长了。

动物小档案

名称：海葵

体长：约 0.005~1 米

分类：腔肠动物门—多放珊瑚亚纲

栖息地：全世界海域

食物：软体动物、甲壳类等

天敌：大型鱼类等

海葵

在湛蓝的海底，有一种像盛放的向日葵一样的海洋动物，它是谁呢？没错，那就是我，美丽的海葵。

我的美丽"花瓣"很厉害

那些随海水飘动的"花瓣"其实是我的触须，它们漂亮极了，但上面却有无数个小毒刺。所以，我看着柔柔弱弱的，但谁也不敢惹我，只能远远地欣赏我的美。

如果饿了，我也会轻轻摆动触须。那些喜欢明亮色彩的小鱼看到了，就会像着了魔似的自己送上门来。这时，我就可以出手了，用几滴毒液将小鱼毒死然后吸收掉。

我有点儿懒，不怎么爱动，总是待在岩石或贝壳上，偶尔才会挪动一丁点儿距离。不过，哪天我要是想去远方了，就会招呼我的朋友寄居蟹，让它驮着我四处走。

海豚说：

海葵？我认识，它似乎不太合群，总是独自生活。还有，它的性格有些暴躁，经常因为领地问题和同类暴发战争。

动物小档案

名称：水母
体长：0.1~1 米
分类：腔肠动物门—钵水母纲
栖息地：全世界海域
食物：浮游生物、甲壳类等
天敌：海龟等

水母

　　海葵确实长得很漂亮，但和我相比还是差了一些，远没有我这般灵动。我长什么样呢？你可以把我想象成打着雨伞的白衣仙子。

我真的又漂亮又柔弱吗？

　　我和很多动物都不一样，身上没有一块骨头或肌肉，身体里基本上都是水，所以看起来像是透明的。不过最特别的是，我还能发出淡淡的绿色蓝、紫色光芒。

　　别看我这么柔弱，又非常漂亮，就以为我很好欺负。其实，我厉害着呢！看见这些长长的触手了吗？它们上面可都是毒刺，能狠狠教训那些来犯者。

我的游动方式有些特别

　　我这么漂亮,当然要展示了,所以常在海里四处游动。说到游动,我的方式有些特别:吸入大量海水,然后迅速向后喷出,这样,我就能向前移动了。

海豚说:

　　水母,我见过,它真的好美呀。不过,我可不想和它做朋友。它哪天要是用毒触手蜇我一下,我可受不了。

动物小档案

名称： 章鱼

体长： 0.14~15米

分类： 头足纲—八腕目—章鱼科

栖息地： 热带和温带海域

食物： 甲壳类、鱼类等

天敌： 鲨鱼、海龟等

章鱼

我觉得水母没什么特别的，比如触手，我也有；喷水，我也会。对了，我忘了自我介绍了，我叫章鱼，朋友们都叫我八爪鱼。

我可不是鱼

我的名字里虽然有个"鱼"字，但我真的不是鱼，和鱼长得一点儿也不一样。

我没有脊椎骨，全身都是肌肉；

我没有鳃，靠触手吸收水中的氧；

我没有鳍，靠喷水前进。

说到触手，它对我可太有用了。我有八条触手，可以用它们和敌人搏斗，也可以用触手上面的吸盘喷水进行游动。如果触手断了，我也不担心，因为过些天又会长出来。

海豚说：

章鱼还真是厉害，不仅能身体变色，还能任意变形。难怪它对海螺壳、瓶瓶罐罐特别有兴趣，还能藏在里面。

有些敌人实在太厉害了，我打不过。这时，我就会使用另一个本领——喷墨。我的肚子里有很多"墨水"，它们喷出来后，海水会被染黑，让我有机会逃走。

分类：头足纲—乌贼目—乌贼科
栖息地：热带和温带海域
食物：螃蟹、鱼、贝类
天敌：海豚、抹香鲸等

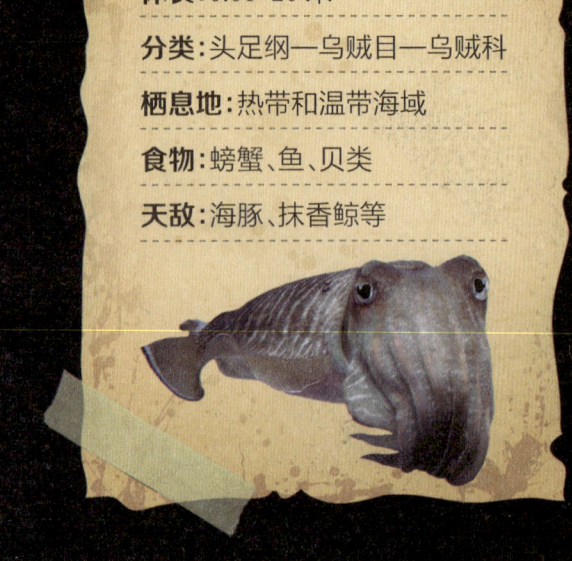

说起来，我和章鱼算是远亲吧。所以，我们俩不但长得比较像，而且有很多相似的技能，比如长着触手、会喷墨等。

先说说触手吧！

如果比数量，我的触手要比章鱼的多一些，共有10条。它们就像商量好似的分成两拨，一左一右长在我的头部两侧，这让我看起来有些张牙舞爪，不太美观。

再说说喷墨吧！

看我的肚子，这儿有一个墨囊。在危急时刻，我会用它喷出"墨汁"，然后借着烟幕逃走。

超级快的速度

在逃跑方面，没有比我速度更快的了。在危急时刻，我1小时能游150千米呢，就像坐飞机似的，一眨眼就没影儿了。

海豚说：

乌贼跑得真快，每次抓它都要费好大力气。还有，它常待在深海里不出来，我只能趁它在浅水湾产卵时抓它。

海蛞蝓

动物小档案

名称：海蛞蝓
体长：约 0.1 米
分类：腹足纲—后鳃目—海兔科
栖息地：全世界海域
食物：海藻
天敌：鱼类、螃蟹等

乌贼对付敌人的手段很不错，但算不上高明。我虽然没它个头儿大，也没它跑得快，可我对付敌人的手段要比它独特得多。

消极防御

我喜欢生活在海藻丛里，这里到处都是我爱吃的海藻。我有一个本领，那就是吃什么颜色的海藻，身体就变成什么颜色。所以，敌人很难发现我。

除了躲避敌人，我还能积极防御敌人的攻击。

遇到敌人时，我能喷出很多紫色液体，将海水变成"紫药水"，从而混淆敌人的视线。

我还能释放一种特殊液体，它可难闻了，而且有毒，敌人一接触就会中毒。

鱼类会咬我身上的鲜红突起，但突起不好吃，鱼类就不会再攻击我了。

海豚说：

海蛞蝓真是太有趣了，它头上那一长一短的触角，就像竖立起来的兔子耳朵一样，难怪有很多人叫它海兔。

动物小档案

名称：砗磲

体长：约1米

分类：双壳纲—帘蛤目—砗磲科

栖息地：印度洋、太平洋等海域

食物：水藻、浮游生物

天敌：无

砗磲

在我眼里，海蛞蝓就是个漂亮的小兔子。和它相比，我要大得多，看起来也没那么好看，但色彩一点儿也不输于它。

我大得不可思议

说到大，我想在贝类家族里，没有谁比我更大了。我的称号可是贝类中的"巨人"，有300多千克重呢！想要把我抬起来，没有几个人是办不到的。

我的外表与内在

有的朋友说我一点儿也不漂亮。其实，你只是看到了我的外表。没错，我的外表是不太美，很粗糙，还有很多巨大的隆起、沟壑和棘刺。

我的美丽其实藏在里面呢！我张开贝壳，你就会发现里面十分光亮，还有孔雀蓝、粉红、翠绿、棕红等绚丽的色彩，以及各种独特的花纹。你有没有被吸引呢？

海豚说：

砗磲实在太大了，我从来没见过像它那么大的贝壳。我还是不要打扰它了，万一被它夹住，我可挣脱不掉。

鹦鹉螺

动物小档案

名称：鹦鹉螺
体长：0.16~0.27 米
分类：头足纲—鹦鹉螺目—鹦鹉螺科
栖息地：印度洋、太平洋等海域
食物：小鱼、小蟹等
天敌：大型海洋生物

砗磲还是太年轻，只知道长个头儿，也不练一练游泳。哪像我，可以靠着高超的游泳本领在海里畅游。

我在海里已经生活了 5 亿多年了，所以朋友们都称我是"活化石"。这么多年过去了，我的样子没怎么改变，还是背着一个螺旋状外壳，看起来就像鹦鹉的嘴。

不过，我的游泳本领可强了不少。我把外壳分割成很多"小房间"用来装海水。海水多了，我就下沉，海水少了，我就上浮。如果用力把海水喷出来，我还能向前游。

我有时候也会在海底爬行，这时几十只触手就有用了。当然，我还会用触手捕食小鱼，或者休息的时候伸出几条触手负责警戒。

海豚说：

鹦鹉螺？我见过几次，听说在很久以前，海洋里到处都是它们的身影，只是后来不知因为什么很多都灭绝了。

寄居蟹

动物小档案

名称：寄居蟹
体长：0.05~0.15 米
分类：甲壳纲—十足目—寄居蟹科
栖息地：海岸或浅海海域
食物：藻类、食物残渣
天敌：乌贼、章鱼等

你问我是不是一只螃蟹？当然是，你看我的大钳子，不是螃蟹还能是什么呢？至于我为什么背着螺壳，那是我借来的。

我的螺壳是从哪儿来的？

很遗憾，和别的螃蟹比起来，我的身体实在太柔软了。为了保护自己，我只好找一个坚硬点儿的房子来居住。沙滩上有很多废弃的螺壳，看起来很合适，赶紧捡一个吧！

螺壳的形状多种多样，我也不太挑剔，有用的就行啦！

等我长大一点儿，这旧螺壳就不够住了，我必须赶紧找一个新螺壳来代替。

会不会杀死海螺？

这个问题嘛……我当然更愿意选择废弃的螺壳，可不会一辈子总有好运气，你说是吧？要是实在找不到合适的螺壳，我也不介意杀死一两只海螺，霸占它们的壳。

海豚说：

寄居蟹？说实话我没太见过这种小家伙，它对我来说太小了。不过，我听说它天生会抢占海螺的房子，真是挺厉害的小家伙！

蜘蛛蟹

动物小档案

- **名称**：蜘蛛蟹
- **体长**：0.01~1.4 米
- **分类**：软甲纲—十足目—蜘蛛蟹科
- **栖息地**：北太平洋海域
- **食物**：动物尸体
- **天敌**：大型鱼类等

别误会,我可不是大蜘蛛。其实呢,我是一只大螃蟹,只是看起来像蜘蛛罢了。至于我的腿为什么那么长,我只能说是天生的。

我和普通的螃蟹确实长得不太一样,大钳子和腿都要长很多,有点儿像蜘蛛,所以朋友们都叫我蜘蛛蟹。虽然腿很长,可我跑得一点儿也不快,很容易被捉住。

看我怎么对付敌人

为了对付敌人,我想尽了办法。我的大钳子还算灵巧,可以把海藻剪碎。之后,我把碎海藻加工成装饰品挂在身上。经过一番打扮,敌人就不容易识破我了。

要是敌人发现了,我也有办法对付它们!看见我头上没有,那是两只海葵,它们可是有毒的。我把它们带在身上,就安全多了。

海豚说:

蜘蛛蟹可真是奇特。我一直以为螃蟹都是横着走的,没想到蜘蛛蟹竟然能竖着走,还能在海藻上垂直攀爬。

龙虾

动物小档案

名称：龙虾
体长：0.2~0.4 米
分类：甲壳纲—十足目—龙虾科
栖息地：温暖海域海底
食物：海草、贝类、小鱼等
天敌：乌贼、大型鱼类等

我实在想不明白，蜘蛛蟹和我一样，一身盔甲，还有大钳子，怎么会被欺负呢？谁要是敢欺负我，我一定用大钳子让它好看。

我是威武的大将军

说这样的狠话是有实力支撑的。你看我，这硬邦邦的外壳像不像将军身上的盔甲？这大钳子是不是很锋利？凭这一身装备，我足以和敌人厮杀一番了。

没错，我是一位斗士，天生爱打架，尤其是遇到那些比我弱小的，就会欺负一下。比如，遇到小鱼，我会用大钳子将它钳住，怎么都不松开。

当然，遇到比我厉害的家伙，我立刻逃跑，不会等死。如果逃不掉，我会丢掉大钳子来迷惑敌人，为逃脱赢得时间。过段时间，新钳子会长出来，只是小了一些。

海豚说：

这只龙虾我认识好多年了，可它一点儿也不显老，能吃能睡，胃口、体力都很好。难道它有什么保持年轻的秘诀吗？

海百合

动物小档案

- **名称**：海百合
- **体长**：约 0.6 米
- **分类**：棘皮动物门—海百合纲
- **栖息地**：各大洋潮汐带至深海
- **食物**：浮游生物
- **天敌**：鱼类

你问我是不是一朵百合花？当然不是了，我是真正的海洋动物，只是样子特殊点儿，和百合花比较像罢了。

我有一个挺拔的"茎秆"，上面有许多触手和含苞待放的"花朵"。其实，那些根本不是花，而是我的"渔网"，我就是用它来捕捉送上门的食物的。

当然，我也不愿过着"守株待兔"的生活，只是"茎秆"固定在深海底，让我没法儿移动。如果哪天我的"茎秆"断了，我就可以过四处漂泊的生活了。

我的"茎秆"通常是被鱼类咬断的。那时，我就有了一个新名字——羽星。成为羽星后，我的体内有了毒素，可仍摆脱不了被鱼吃的命运，所以白天，我总躲在岩石缝里。

海豚说：

海百合竟然是动物哇，我之前一直以为它是花，还在它身边转悠，欣赏它呢。下次遇到它，我一定要好好找它聊聊。

动物小档案

名称：海星

体长：0.01~0.9 米

分类：棘皮动物门—海星纲

栖息地：全世界海域海底

食物：贝类、甲壳类等

天敌：海鸥、水獭

海星

看到我，你会想到什么？天上的星星？确实，我长得就像五角星，身上还有美丽的色彩，所以朋友们都叫我海星。

我长得很漂亮

我长得漂亮可是公认的。你看，我身上有鲜红色、深蓝色、玫瑰色、黄色等，还有各种花纹和镶边，这些难道不漂亮吗？另外，我还能不断变换色彩呢！

我走得很慢

当然，漂亮不能当饭吃，我要填饱肚子，必须去捕食。我有五只"脚"，但走得一点儿也不快，一分钟只有几厘米。不过，这速度追上那些贝类也足够了。

强大的再生能力

有些动物对我不友好，用嘴咬我，把我撕成好多块儿，所以我经常"缺胳膊少腿儿"。不过，只要我活着，总有一天那些少了的"胳膊腿"又会长出来。

海豚说：

海星明明没有眼睛，却能将周围环境看得一清二楚。哦，原来它的触角还能当眼睛用，可以感觉到哪里的光强，哪里的光暗。

动物小档案

名称：蛇尾
体长：约 0.1~1 米
分类：棘皮动物门—蛇尾纲
栖息地：全世界海域
食物：硅藻、蠕虫和甲壳动物等
天敌：海鸥、水獭、大型鱼类等

蛇尾

你问我是一只海星吗？当然不是了，你觉得海星的触手有我的长吗？若问我的长触手有什么用，那是用来对付敌人的。

我是如何对付敌人的？

和敌人对打，我可没那能力。不过，我可以吓唬敌人。看见我的五只细长的触手了吗？它们和海蛇的尾巴可像了，而海蛇可都是有毒的厉害家伙，没谁敢惹它。

有时候，为了装得更像一些，我会不停地摆动触手，就像海蛇扭着身子在游动。就连走路，我也模仿海蛇的样子。我的演技是不是很棒啊？

如果被识破了，我还有绝招儿。敌人抓我，经常咬我的长触手。这时，我会舍弃触手，让它断掉。这样，我就能逃走了，敌人有了吃的也就不会再追我了。

海豚说：

蛇尾，我认识，它长得和海星挺像的。不过，我不想靠近它，它身上可有五条"海蛇"呢，看起来好可怕的样子。

海胆

动物小档案

- **名称:** 海胆
- **体长:** 约 0.01~0.36 米
- **分类:** 棘皮动物门—海胆纲
- **栖息地:** 各大洋海底
- **食物:** 蠕虫、软体动物、海藻等
- **天敌:** 海獭等

蛇尾靠模仿对付敌人,招式算不上高明。我就不同了,完全依靠自己的真本事在海里立足,让那些"不良分子"无从下手。

我的尖刺很有用

我可不是吹牛,看看我满身的刺你就知道了。我的这些刺长短不一,短的只有几毫米,长的却有30多厘米,但都十分尖锐,任谁被刺一下都会疼得直叫。

按理说,凭着满身尖刺,我见到敌人也不用害怕。可无奈,我天生胆子很小,所以一见到敌人二话不说就会立刻逃跑。如果逃不掉,我才会将尖刺指向敌人。

尖刺除了让我不用担心安全问题,还有别的用途。

用途一:让我的硬壳保持干净;
用途二:像脚一样让我动起来;
用途三:像手一样可以挖泥沙。

海豚说：

我对海胆可没什么兴趣，尤其是它那尖刺就无法对付。我还听说，它的尖刺虽然不算结实，很容易断，但没多久又会长出来。

动物小档案

名称：海参
体长：约 0.1~0.2 米
分类：棘皮动物门—海参纲
栖息地：印度洋、太平洋等海域
食物：浮游生物
天敌：螃蟹、鱼类等

海参

　　我没有海胆那样满身的尖刺，游动起来又特别缓慢，看起来只能任由别的动物欺负。但其实，如果遇到敌人，我也有绝招儿可以安全逃离。

　　我长得胖胖的，身上有一些小肉刺，看起来就像胖黄瓜，一副很好吃的样子。不过，谁要发现我可没那么容易，因为生活在哪儿，我就变成那里的颜色。

　　有时候也不走运，恰好被敌人发现了。没办法，我只好把内脏一股脑儿喷出去，让敌人吃掉。而我呢，则借力向反方向逃得无影无踪。

　　没了内脏，我不会死，新内脏也会慢慢长出来。可毕竟，这不是长久之计。于是，我只好产下很多卵，让成员大量增加。这样，就算我死了，种族也不会灭亡。

海豚说：

夏天这么好的阳光，海参却不喜欢，还跑到深海的岩石缝隙里睡大觉。它一睡就是一个夏天，中途竟然都不醒来。